Bitcoin für Anfänger

Wie man Bitcoins kauft, investiert und handelt.

Inhaltsverzeichnis

Einleitung 1
Kapitel 1: Eine Einführung in die Welt des Bitcoin...3
Was ist Bitcoin? 3
Was für Gründe gibt es Bitcoin zu nutzen?....................6
Was sind Bitcoin Classic und Bitcoin Cash? 10
Informiere dich doppelt und dreifach 11
Kapitel 2: Bitcoins erwerben und verwalten............13
Bitcoin kaufen 13
Bitcoin Mining 15
Eine Wallet wählen 16
Kapitel 3: Bitcoins verwenden 23
Mit Bitcoins bezahlen 23
Mit Bitcoins investieren..26
Weitere Verwendungszwecke 28
Schlusswort 30
Impressum..34

Einleitung

Der Bitcoin ist eine faszinierende Entwicklung der Internettechnologie. Man kann mit diesem bezahlen und handeln, wie auch zum Beispiel mit dem Euro oder Dollar. Im Moment wird der Bitcoin recht populär, da immer steigende Kurse derzeit den Wert von Bitcoin in die Höhe schnellen lassen. Als Spekulationsobjekt verspricht das schnelle Gewinne. Aber auch grade als Bezahlmethode ist der Bitcoin sehr interessant.

Der Bitcoin ist dabei ganz anders als herkömmliche Währungen. Der größte Unterschied ist, dass das gesamte Wissen und der technische Hintergrund vom Bitcoin frei zugänglich sind. Geld ist eine so alltägliche Sache für uns, dass die meisten von uns sich nicht genauer mit dem Geld an sich beschäftigen. Was zum Beispiel die Grundlagen unseres Finanzsystems sind und wo Probleme sein könnten. Der Bitcoin wurde geschaffen, um einige dieser Probleme anzugehen und eine Alternative dazu zu schaffen. Zwar mag der technische und digitale Hintergrund des Bitcoins diesen als kompliziert und unzugänglich erscheinen lassen. Aber im Grunde lassen sich viele der

Grundlagen in einfachen Worten und mit simplen Vergleichen erklären. Diese Grundlagen zu verstehen, gibt einem die Chance sich eingehender mit dem Bitcoin zu beschäftigen. Und dabei auch viel über unser herkömmliches Finanzsystem zu lernen, worüber man so bis jetzt vielleicht noch nicht nachgedacht hat.

Wichtige Begriffe in diesem E-Book werden dabei hervorgehoben, um das Verständnis zu vereinfachen. Wie bereits gesagt, werden die Informationen in einer einfach verständlichen Sprache erklärt. Dabei wird aber vorausgesetzt, dass man sich wenigstens ab und zu im Internet aufhält und somit gewisse Begriffe in diesem Zusammenhang beherrscht. Wer zum Beispiel nicht weiß, was Browser, Software oder Hardware bedeuten, sollte sich möglicherweise vorher noch einmal in einem Einstieg in generelle Computertechnologie einführen lassen. Wer sich allerdings des Öfteren im Internet aufhält und einen Computer benutzt, der sollte wenige Probleme haben hier in Bitcoin einzusteigen.

Kapitel 1: Eine Einführung in die Welt des Bitcoin

In diesem Kapitel werden dir die einfachen Grundlagen und Ideen des Bitcoin erläutert. Manche Aspekte werden dabei kurz erwähnt und vielleicht später wieder aufgenommen. Das gesamte Bitcoin-System im Detail zu erläutern ist dabei nicht Ziel dieses E-Books. Der Fokus liegt mehr auf dem praktischen Nutzen als an dem theoretischen und technischen Hintergrund. Solltest du weitergehende Fragen haben, die in diesem E-Book nicht erläutert werden, so findest du am Ende dieses E-Books Verlinkungen zu Quellen, bei denen du dich eingehender über entsprechende Themen informieren kannst.

Was ist Bitcoin?

Einfach ausgedrückt ist der **Bitcoin** eine Art Internetwährung. Man spricht hierbei auch von **Kryptowährung** oder **Kryptogeld**. Gegründet wurde das zugrunde liegende System von einem Unbekannten unter dem Pseudonym **Satoshi Nakamoto,** der eine Darstellung seiner Idee im Oktober 2008 im

Internet veröffentlichte und anschließend die erste Version der Software im Januar 2009 veröffentliche. Die Grundidee dabei ist, dass alle nötigen Informationen über die Währung von einem frei zugänglichen und frei erweiterbaren elektronischen System von Computern gespeichert werden. Diese Art von System nennt man **Peer-to-Peer**. Das bedeutet genauer, dass die Informationen nicht von einer Instanz, wie einer Bank, gespeichert werden, sondern von den Nutzern selber. Noch dazu ist die zugrunde liegende Software **Open Source**, was bedeutet das jedermann die Möglichkeit hat zu sehen, was die Software genau tut und wie sie es tut. Aus diesen Eigenschaften ergeben sich aus der Sicht der Nutzer einige Vorteile gegenüber anderen Währungen.

Die allgemeine Verfügbarkeit aller Daten des Bitcoin-Systems ist ein Aspekt, den wir mehrmals beleuchten werden. Hierbei wird mit einer sogenannten **Blockchain** gearbeitet. Die Blockchain enthält alle Informationen über das gesamte Bitcoin-System. Hier stehen alle verfügbaren Bitcoins und alle Überweisungen, die jemals mit diesen durchgeführt worden. Diese Datenbank wird ständig erweitert und in unzähligen Kopien vom gesamten System aufbewahrt. Sollten jemals einzelne

Computer vom System ausfallen, so sind die generellen Daten dennoch geschützt.

Ob Bitcoin tatsächlich eine Währung darstellt wird ständig debattiert. Auf der einfachen Seite ist ein gewisser Wert mit Bitcoins verbunden und man kann damit Waren und Dienstleistungen von Anbietern direkt erhandeln, die Bitcoin als Zahlungsweise akzeptieren. Einfach gesehen stellen Bitcoins also tatsächlich eine Währung dar. Auf der anderen Seite fehlt die Regulierung durch eine Instanz und es hat außerdem die Eigenschaft endlich zu sein. Der Gründer legte ganz einfach fest, dass das zugrunde liegende System nie mehr als 21 Millionen Bitcoins generieren kann. Hierbei gleicht Bitcoin eher Gold als Wertgegenstand. Steuerrechtlich gesehen werden Bitcoins in Deutschland übrigens nicht als gesetzliches Zahlungsmittel, sondern als „privates Geld" angesehen. Gewinn, der durch Bitcoins erzielt wird, ist dabei in der Einkommenssteuer zu erfassen. Da es von den eigentlichen Nutzern auch überwiegend so angesehen wird, werden wir in diesem E-Book von Bitcoins als Währung sprechen.

Ein Bitcoin wird durch den internationalen Code **BTC** abgekürzt. Bitcoins lassen sich außerdem auch in kleineren Geldeinheiten handeln, ähnlich den Cents beim Euro.

Allerdings ist die kleinste Einheit beim Euro ein Cent, also ein Hundertstel von einem Euro (1 Cent = 0,01 Euro). Beim Bitcoin sind die Untereinheiten wesentlich kleiner, und es gibt mehrere von diesen. Es gibt **Millibitcoin (mBTC)**, was ein Tausendstel eines Bitcoins darstellt (0,001 BTC = 1 mBTC). Weiter gibt es **Microbitcoin (μBTC)**, oder auch **Bit** genannt, was ein Millionstel eines Bitcoins darstellt (0,000001 BTC = 1 μBTC). Die kleinste Untereinheit ist ein **Satoshi**, was ein Hundert-Millionstel eines Bitcoins darstellt (0,00000001 BTC = 1 Satoshi). Wegen des derzeit recht hohen Wertes eines Bitcoins, werden kleinere Beträge, wie Überweisungsgebühren, deswegen oft in den Untereinheiten des Bitcoins abgerechnet.

Was für Gründe gibt es Bitcoin zu nutzen?

Warum sollte man sich überhaupt Bitcoin zulegen? Prinzipiell ist das System schwerer zu verstehen und handzuhaben als gängigere Währungen, wie der Euro. Wo liegen also die Vorteile, die die Nutzer zum Bitcoin ziehen? Es gibt eine Reihe an möglichen Gründen, die wir hier genauer betrachten wollen:

1. Die **Dezentralisierung** des Systems spricht viele Nutzer an. Das bedeutet dass keine Instanz wie eine Bank oder ein Staat Kontrolle über den Bitcoin ausüben können. Anfänglich hatte Satoshi Nakamoto eine gewisse Entscheidungsgewalt über die Entwicklung des Bitcoins, hat aber inzwischen jede Leitung darüber abgegeben. Die Entscheidungen über die Entwicklung der Währung werden von den Nutzern selbst getroffen.

2. Das System ist mehr oder weniger **anonym**. Es werden zwar alle Daten von allen Nutzern geteilt. Das bedeutet dass es technisch möglich ist, die Kontostände und Überweisungen von allen Kontos auszulesen, einfach ausgedrückt. Aber es ist nicht direkt ersichtlich, wem welches Kontos gehört. Das System speichert keine Namen, die Besitz über ein Konto anzeigen, wie bei einer Bank das der Fall ist. Allerdings sei dazu gesagt, dass die Anonymität eher für Privatpersonen und Firmen gelten. Obwohl Bitcoins häufiger den Ruf haben, für illegale Geschäfte benutzt zu werden, so ist es tatsächlich für Strafverfolgungsbehörden und Nachrichtendiensten technisch

möglich, Bitcoins einzelnen Personen zuzuordnen.

3. Bitcoins sind außerdem **fälschungssicher**. Derzeit ist es nicht möglich, Duplikate von Bitcoins herzustellen. Über die Sicherheit eigener Konten werden wir später mehr reden. Aber einfach ausgedrückt ist es nicht möglich, gefälschte Überweisungen über das System durchzuführen. Das liegt daran, dass viele Computer und Server die Informationen über das gesamte System erhalten und diese ständig miteinander vergleichen. Sollten Hacker Software verwenden um gefälschte Informationen in das System einzuspeisen, so würde diese mit der Information aller Anderen verglichen, und der Schwindel

4. Bitcoins sind **international** ausgelegt. Obgleich die Anzahl der Nutzer natürlich geringer ist, als bei gängigeren Währungen, so sind diese doch über die gesamte Welt verteilt. Wenn zum Beispiel Händler Bitcoins annehmen, so macht es keinen Unterschied ob diese in Amerika, Europa oder Asien sitzen. Mit steigender Nutzerzahl wird es also

möglich sein, mehr und mehr auf der ganzen Welt mit diesen zu bezahlen.

5. Am wichtigsten mag allerdings der **Wert des Bitcoins** sein. Auf der einen Seite ist der Bitcoin durch die festgelegte Obergrenze vor Inflation geschützt. Grade in währungsschwachen Ländern ist der Bitcoin im Vergleich zu den jeweiligen Währungen recht stabil, eignet sich also dort als Wertanlage. Ähnlich wie beim Gold wird dabei aber auch der Wert des Bitcoins durch Angebot und Nachfrage des Marktes bestimmt. Im Vergleich zu stabilen Währungen, wie dem Euro, unterliegt der Bitcoin also Schwankungen und eignet sich prinzipiell als Spekulationsobjekt. Das wird am besten durch die Kursentwicklung beleuchtet. Anfang 2016 lag der Wert eines Bitcoins bei um die 300-400 Euro. Anfang 2017 überschritt der Wert eines Bitcoins 1000 Euro. Im Lauf von 2017 ist der Wert des Bitcoins stark gestiegen und lag Ende August 2017 bei um die 3800 Euro. Es kann sich also lohnen in Bitcoins anzulegen. Allerdings ist der Kurs auch starken Schwankungen unterlegen, das heißt mit einem gewissen Risiko verbunden.

Was sind Bitcoin Classic und Bitcoin Cash?

Am 1. August 2017 spaltete sich der Bitcoin in zwei Währungen auf. Dies war das Resultat einer lang anhaltenden Diskussion in der Bitcoin-Gemeinschaft über die Notwendigkeit das Bitcoin-System schneller werden zu lassen, um einen wachsenden Bedarf zu dienen. Ohne großartig ins Detail zu gehen, **Bitcoin Cash (BCH)** ist die neuere Variante, die eine prinzipiell schnellere Bearbeitung zulässt. **Bitcoin Classic** wiederum ist die alte Variante und steht für die Integrität und Stabilität des Systems. Wenn wir in diesem E-Book von Bitcoins reden, so sind die generellen Informationen für beide Varianten gültig. Spezielle Informationen allerdings gelten hier für Bitcoin Classic, welches noch immer die gängigere Variante beider Währungen ist, zum Zeitpunkt als dieses E-Book geschrieben wurde. Da beide Währungen nun aber um denselben Markt konkurrieren, kann es durchaus sein, dass sich das in der Zukunft ändert.

Informiere dich doppelt und dreifach

Dies ist ein wichtiger Rat für jeden, der mit Bitcoins einsteigen möchte. Bitcoins sind ungleich jeder Währung, mit denen man sonst im Alltag zu tun hat. Man muss dabei weder ein Finanzgenie noch ein Computercrack sein, um in Bitcoins einzusteigen. Viele Vorteile dieser Währung sind einfach verständlich und der Umgang mit dieser kann sehr benutzerfreundlich sein. Nichtsdestotrotz hilft es dem Einstieg, wenn man umfassend Informationen sammelt und so viel wie möglich über Bitcoins lernt. Natürlich vermeidet man auch eventuelle Überraschungen, die oft mit Unwissenheit einhergehen. Und schließlich wird einem der Umgang mit Bitcoins auch viel über das gängige Finanzsystem lehren. Die Unterschiede zwischen Bitcoins und unser alltäglichen Währung und die Gründe für diese zu betrachten, das wird einem auch ein tieferes Verständnis für das generelle Finanzsystem vermitteln, welches wir sonst kaum genauer betrachten. In diesem E-Book und auch an vielen Stellen im Internet werden Informationen zum Bitcoin oft in einfachen Worten wiedergegeben. Das erleichtert das Verständnis für Menschen, die technisch weniger versiert sind. Dabei kann es aber immer passieren, dass man gewisse Bereiche zu einfach und simpel ausdrückt. Von daher solltest du Informationen zu Bitcoin immer doppelt und dreifach aus verschiedenen Quellen lesen, um sicher zu sein dass du alles Wichtige verstehst. Du kannst zum Beispiel die Verlinkungen in den Quellen am Ende dieses E-Books nutzen, um mehr und genauere Informationen über spezielle Themen herauszufinden.

Kapitel 2: Bitcoins erwerben und verwalten

In diesem Kapitel beleuchten wir, wie man Bitcoins erwerben und diese anschließend verwalten kann. Da der Bitcoin noch nicht allgemein verbreitet ist, sollte man nicht erwarten in eine Bank gehen zu können und nach Bitcoins zu fragen. Wie vielleicht auch bei Anlagen in Aktien, muss man sich ein wenig mehr mit der praktischen Seite beschäftigen, um mit Bitcoins einzusteigen. Der Bitcoin hat sich dabei schon sehr benutzerfreundlich entwickelt. Viele Programme erleichtern dir den Einstieg. Aber wie überall sonst gilt auch hier, dass Übung den Meister macht.

Bitcoin kaufen

Bitcoins kann man über **Bitcoin-Broker** kaufen (und auch wieder verkaufen). Das sind Händler, die ähnlich wie Aktienhändler sich darauf spezialisieren Bitcoins in andere Währungen umzutauschen. Ganz generell lässt sich sagen, dass du nur mit professionellen und regulierten Bitcoin-

Brokern zusammenarbeiten solltest. Zuerst einmal ist es wichtig, dass dein Bitcoin-Broker reguliert ist, da du so sicherer bist im Rahmen des Gesetzes zu handeln und außerdem vor Betrug geschützt zu sein. Da du immerhin einen Teil deines Geldes deinem Bitcoin-Broker anvertraust, solltest du dir ruhig die Zeit nehmen, einen passenden Broker zu finden. Dabei können verschiedene Faktoren wichtig sein. Definitiv wichtig ist, dass Broker häufig Gebühren für ihre Dienste verlangen. Man sollte beachten, ob der Broker Gebühren prozentual oder pauschal berechnet und sich klar dann machen, wie häufig man Bitcoins kaufen oder verkaufen möchte. Und es sollte immer möglich sein, erworbene Bitcoins auf sein eigenes Wallet zu überweisen, welches wir noch weiter erläutern werden.

Es gibt auch andere Möglichkeiten Bitcoins zu kaufen. In den USA und auch in Griechenland gibt es inzwischen Bitcoin-Automaten. Und man kann auch theoretisch lokale Händler finden, die einem Bitcoins anbieten. Wofür man sich auch entscheidet, das wichtigste ist dass man dem Anbieter vertrauen kann. Da Bitcoin-Preise nicht direkt feststehen, gibt es Seiten, die einem die derzeitigen Bitcoin-Kurse anzeigen können. Die Preise hier mit einem potenziellen Anbieter zu vergleichen kann eine gute

Methode sein, die Seriosität eines Anbieters zu überprüfen. Nur wenn man sich absolut sicher mit einem Anbieter ist, sollte man erwägen Bitcoins von diesem kaufen.

Bitcoin Mining

Eine weitere Methode Bitcoins zu erwerben stellt **Bitcoin Mining** dar. Für Einsteiger in Bitcoins ist dies überhaupt nicht geeignet. Da man allerdings häufig auf diesen Begriff stößt, wenn man sich eingehender mit Bitcoins befasst, wird diese Methode hier kurz in einfachen Worten erklärt. Prinzipiell stellt man beim Bitcoin Mining eigene Rechenpower dem Netzwerk zur Verfügung. Diese Rechenpower wird verwendet um neue Bitcoins zu generieren und neue Transaktionen von Bitcoins zu verschlüsseln. Wie bereits erwähnt, werden Transaktionsinformationen von Bitcoins vom gesamten Netzwerk gespeichert. Diese Informationen abzurufen ist einfach und schnell, die Verschlüsselung von neuen Informationen ist aber zeit- und rechenintensiv. Es wird deswegen von Mining (zu Deutsch: Bergbau) gesprochen, weil der zu Grunde liegende Prozess der Verschlüsselung es verlangt, eine Nummer zu finden die zur Verschlüsselung passt. Die Generation von neuen Bitcoins ist dabei limitiert und wird stetig schwieriger, bis die festgelegte Grenze von 21 Millionen Bitcoins erreicht sein wird. Es wird also schwerer und schwerer für Betreiber von Bitcoin Mining neue Bitcoins zu finden. Dafür machen Sie auch Geld, indem sie sich für die Priorität der Verschlüsselung von neuen Transaktionen bezahlen lassen. Für Einsteiger bedeutet dies einfach, dass die Dauer einer Transaktion mit Bitcoins zum Teil von entsprechend anfallenden Gebühren abhängt.

Eine Wallet wählen

Sobald du deine ersten Bitcoins erworben hast, wird es Zeit eine eigene **Wallet** auszuwählen. Eine Wallet (zu Deutsch: Brieftasche) speichert die Informationen, die nötig sind um mit erworbenen Bitcoins Transaktionen durchzuführen. Dabei sind zwei Informationen besonders wichtig. Zum einen benötigt man eine **Bitcoin-Adresse**. Diese Adressen funktionieren ähnlich wie eine Kontonummer oder Email-Adresse. Eine Bitcoin-Adresse sieht zum Beispiel wie folgt aus:

3J98t1WpEZ73CNmQviecrnyiWrnqRhWNLy

Um eine Überweisung mit Bitcoins durchzuführen, braucht man immer eine Adresse, an die diese geschickt werden können. Diese Adressen werden auf der Blockchain gespeichert und sind dabei komplett anonym, das heißt dass es nicht ohne weiteres ersichtlich ist, welcher Person welche Adresse und die damit verbundenen Bitcoins gehört. Damit du also deine erworbenen Bitcoins auf ein „eigenes Konto" schicken kannst, auf das nur du Zugriff hast, benötigst du also eine solche Bitcoin-Adresse. Da Adressen einfach zu generieren sind, wird sogar dazu geraten eine neue Adresse für jede neue eingehende Überweisung von Bitcoins zu generieren. Das erhöht die Anonymität, da keiner genau einsehen kann, wie viele Adressen du besitzt.

Die zweite wichtige Information ist der **private Schlüssel**. Bitcoin-Adressen werden verschlüsselt und es ist immer mindestens ein privater Schlüssel notwendig, um mit der Adresse Transaktionen durchzuführen. Stell dir den privaten Schlüssel wie einen PIN bei deiner Bankkarte vor. Nur dass dieser wesentlich länger und unmöglich zu merken ist. Und dass niemand einen neuen privaten Schlüssel generieren kann, solltest du einen solchen verlieren. Ein privater Schlüssel sieht zum Beispiel wie folgt aus:

E987 3D79 C6D8 7DC0 FB6A 5778 6333 89F4 4532 1330 3DA6 1F20 BD67 FC23 3AA3 3262

Private Schlüssel geben absolute Kontrolle über die mit einer Bitcoin-Adresse verbundenen Bitcoins. Du darfst niemals einen privaten Schlüssel verlieren, da es keine Möglichkeit gibt von Anderen auf eine Bitcoin-Adresse zuzugreifen. Und du darfst private Schlüssel niemals an andere weitergeben. Diese können sonst Überweisungen mit deinen Bitcoins durchführen. Bitcoin-Überweisungen sind unumkehrbar und es besteht keine Möglichkeit die Empfänger einer unbekannten Überweisung zu identifizieren, da Bitcoin-Adressen, wie gesagt, anonym sind. Aus diesen Gründen gibt es nun verschiedene Möglichkeiten, die notwendigen Informationen, wie alle der eigenen Bitcoin-Adressen und den damit verbundenen privaten Schlüsseln, aufzubewahren. Nämlich in den so genannten Wallets. Es gibt dabei mehrere Arten von Wallets, die wichtigsten werden hier einmal aufgeführt:

Eine Möglichkeit sind **webbasierte Wallets**, die das Speichern der Informationen und Transaktionen auf einer einfach zugänglichen Webseite erlaubt, die man in seinem Browser öffnen kann. Der Vorteil ist, dass man keine extra Software auf seinem Gerät installieren muss und dadurch auch einfach von vielen Geräten auf dasselbe Konto zugreifen kann. Der Nachteil ist, dass dabei die privaten Schlüssel von dem Betreiber der webbasierten Wallets gespeichert werden. Dabei muss natürlich Vertrauen in den jeweiligen Betreiber gegeben sein. Und es geht eine gewisse Anonymität verloren. Noch viel wichtiger ist allerdings, dass Betreiber von webbasierten Wallets häufiger das Ziel von Hackerangriffen sein können. In den vergangen Jahren kam es bereits zu solchen Hackerangriffen, bei denen die privaten Schlüssel und damit die Bitcoins von Kunden gestohlen wurden. Das Risiko eines solchen Angriffs und dem damit verbundenen Verlust des Geldes beim möglichen Bankrott des Betreibers ist leider nicht gänzlich unwahrscheinlich. Von daher wird inzwischen häufig von der Verwendung von webbasierten Wallets abgeraten. Wenn dir Nutzerfreundlichkeit über alles geht, kannst du dich natürlich dennoch für ein webbasiertes Wallet entscheiden.

Desktop-Wallets und **Mobile Wallets** sind **softwarebasierte Wallets**, die entweder auf einem Desktop oder Mobilgerät als Programm installiert werden. Bei diesen werden Bitcoin-Adressen und private

Schlüssel ausschließlich auf dem eigenen Gerät gespeichert. Dies sichert zuerst einmal deutlich stärker Anonymität, als bei webbasierten Wallets. Die Nutzerfreundlichkeit kommt ein bisschen auf den eigenen Nutzen an. Im Grunde bieten diese oft dieselben Funktionen wie webbasierte Wallets, nur dass man diese halt nur auf jeweils einem Gerät benutzen kann. Sicherheit ist ein weiterer Faktor. Wenn der eigene PC mit Spionagesoftware infiziert ist, kann es durchaus passieren dass Unbekannte Zugriff auf private Schlüssel erhalten. Das Risiko hängt dabei stark vom eigenen Verhalten im Internet ab, ist aber bei normalen Vorkehrungen geringer als bei webbasierten Wallets einzuschätzen. Auf der anderen Seite können gespeicherte private Schlüssel verloren gehen, sollte das Gerät beschädigt werden. Allerdings lassen sich auch hier Vorkehrungen treffen. Pauschal sind mobile Wallets tendenziell sicherer und simpler als Desktop-Wallets, während Desktop-Wallets meist mehr Funktionen bieten.

Hardwarebasierte Wallets und **Wallets aus Papier** stellen die Hackern gegenüber sicherste Methode dar, Bitcoins zu verwalten. Bei hardwarebasierten Wallets werden private Schlüssel und Bitcoin-Adressen offline zum Beispiel auf einem USB-Stick gespeichert. Bei Wallets aus Papier werden diese Informationen ganz einfach ausgedruckt und überhaupt nicht digital abgespeichert. Beide Formen von Wallets dienen dabei lediglich der Sicherung der Informationen. Überweisungen lassen sich damit schwerer durchführen, was bedeutet dass die Nutzerfreundlichkeit hierbei eher gering ist. Und natürlich darf man diese ebenso wenig verlieren.

Die richtige Wahl des eigenen Wallet hängt stark auf den beabsichtigten Nutzen an. Hardwarebasierte Wallets und Wallets aus Papier sind meist deutlich sicherer als softwarebasierte Wallets. Dafür sind Transaktionen wiederum wesentlich leichter auszuführen mit softwarebasierte Wallets. Wenn man also beabsichtigt Bitcoins regelmäßig auszugeben, eignen sich softwarebasierte Wallets tendenziell besser. Wenn man allerdings in Bitcoins anlegen möchte, eignen sich Hardwarebasierte Wallets möglicherweise besser. Wie mit anderem Geld auch, so ist das Beste mehrere Methoden zu verwenden. Zum Beispiel indem du kleine Beträge mit softwarebasierten oder webbasierten Wallets verwaltest, die du einfach aufgeben kannst, gleichsam einer Brieftasche. Und währenddessen die Daten deiner größeren Ersparnisse zum Beispiel auf Wallets aus Papier hältst, gleichsam einem

Sparbuch. Alles in allem gibt es natürlich verschiedene Anbieter für jeweilige Wallets. Es gibt zum Beispiel eine ganze Auswahl softwarebasierter Wallets, wie verschiedene Apps für Android Smartphones und iPhones oder Programme für PCs und Macs. In den Quellen am Ende dieses E-Books wirst du ein paar Verlinkungen zu Webseiten finden, die dir bei der Wahl des oder der Wallets von verschiedenen Anbietern behilflich sein werden.

Kapitel 3: Bitcoins verwenden

Nachdem du eine geeignete Wallet ausgesucht und deine ersten Bitcoins erhalten hast, kannst du diese nun frei verwenden. In diesem letzten Kapitel widmen wir uns nun genauer den verschiedenen Möglichkeiten Bitcoins zu verwenden. Der ursprüngliche Gedanke sieht natürlich Bitcoin als Zahlungsmittel vor, aber es gibt auch andere Möglichkeiten, wie bei jeder anderen Währung auch.

Mit Bitcoins bezahlen

Als Zahlungsmittel sind Bitcoins natürlich primär dafür gedacht, Waren und Dienstleistungen einkaufen zu können. Bitcoins weisen inzwischen schon eine gewisse Verbreitung auf, aber sind natürlich noch lange keine allgemein akzeptierte Bezahlmethode. Bis jetzt beschränkt sich die Gruppe der Händler und Dienstleister, welche Bitcoins akzeptieren, auf eine relativ überschaubare Menge, hauptsächlich Online-Dienstleistungen und Online-Shops. Bei den Quellen am Ende dieses E-Books findest du

Verlinkungen zu Listen von Händlern, die Bitcoins akzeptieren. Größere Namen darunter sind beispielsweise Microsoft, Wikipedia, Expedia, Subway und Steam. Wenn du vorhaben solltest mit Bitcoins hauptsächlich bezahlen zu wollen, solltest du dich am besten vorher informieren, ob Händler und Dienstleister darunter sind, mit denen du häufiger zu tun hast.

Ein weiteres Feld ist Bitcoins in Gutscheine einzulösen, die wiederum auf vielen weiteren Webseiten wie Amazon verwendet werden können. Auf Webseiten wie eGifter lassen sich Bitcoins so umtauschen. Das erweitert natürlich das Feld der Händler, bei denen du zumindest indirekt einkaufen kannst. An sich ist das kein Grund mit Bitcoins anzufangen, da du auf vielen dieser Seiten auch mit Euro bezahlen kannst. Aber solltest du auch aus anderen Gründen an Bitcoins interessiert sein, so ist es definitiv von Vorteil erworbene Bitcoins hier auch indirekt und zuverlässig auf gängigen Online-Shops ausgeben zu können.

Abgesehen von diesen Möglichkeiten wird es vergleichsweise schwer lokale Händler zu finden, die Bitcoins akzeptieren. Es gibt bekanntere Restaurants in den USA und London, bei denen dies möglich ist. In Deutschland, Österreich oder der Schweiz wird es bereits schwieriger lokale Händler zu finden, bei denen man mit Bitcoins bezahlen kann.

Als letztes beleuchten wir nun ein wenig das Überweisen von Bitcoins. Sollte sich ein potenzieller Abnehmer für deine Bitcoins gefunden haben, so kommt es ein wenig auf deine Wallet an, wie einfach die Überweisung durchzuführen ist. Generell bieten softwarebasierte Wallets immer die Möglichkeit Bitcoins zu überweisen. Dabei brauchst du lediglich eine eigene Adresse mit vorhandenen Bitcoins und privatem Schlüssel und eine Zieladresse. Es gibt einige Besonderheiten bei Bitcoin Überweisungen, die praktisch relevanten werden hier kurz erläutert. Zum einen muss das System deine Überweisung als korrekt annehmen, das bedeutet die Adressen und Verschlüsselung zu überprüfen. Das läuft zum einen auf gewisse Wartezeiten hinaus, die auch damit zusammenhängen, dass mehrere unabhängige Computer im Bitcoin System deine Überweisung als korrekt bestätigen müssen, damit die Überweisung vom gesamten System akzeptiert wird. Das klingt aufwendig, sorgt aber dafür dass kein Hacker Überweisungen fälschen kann, solange er zum Beispiel den privaten Schlüssel nicht kennt. Wie bereits erwähnt können auch Gebühren anfallen. Bei kleineren

Überweisungen sind diese meist Pflicht, bei größeren nicht unbedingt. Dafür lässt sich mit einer freiwilligen Gebühr die Priorität deiner Überweisung erhöhen, so kannst du diese also beschleunigen. Gebühren können also variieren, liegen aber grade bei internationalen Überweisungen deutlich unter vergleichbaren Bezahlsystemen, wie PayPal zum Beispiel. Derzeit liegen Standard-Gebühren von einzelnen Überweisungen bei grob 0,00074 BTC (2,82 Euro), für eine maximale Bearbeitungszeit von 25 Minuten. Solltest du dich entscheiden keine Gebühr oder eine niedrigere Gebühr zu bezahlen kann eine Überweisung 2-4 Stunden dauern. Als letztes sei noch einmal wiederholt, dass Bitcoin-Überweisungen nicht an sich rückgängig gemacht werden können. Also grade wenn du Bitcoins für Waren ausgeben möchtest, sollte dir bewusst sein dass du nach einer bestätigten Überweisung keine Kontrolle mehr über diese hast. Falls du also im Nachhinein unzufrieden mit einer gekauften Ware bist, liegt es also am Händler dir das Geld zurück zu überweisen.

Mit Bitcoins investieren

Im Grunde ist in Bitcoins zu investieren recht einfach durchzuführen. Du kaufst dir ein paar Bitcoins und wartest einige Zeit, bis der Wert dieser gestiegen ist. Dann verkaufst du sie wieder und streichst den Gewinn ein. Wegen des derzeitig starken Anstiegs ist das einer der Hauptgründe, warum Leute zurzeit viel Interesse an Bitcoins zeigen. Generell ist nicht viel mehr dazu zu sagen, wie auch schon an anderen Stellen dieses E-Books angesprochen wurde. Zum einen ist der Kurs des Bitcoins gegenüber dem Euro starken Schwankungen unterzogen. Das bedeutet dass es keine Garantie gibt, dass der Wert der Bitcoins höher steigen wird, nachdem man sich diese zugelegt hat. Auf der anderen Seite ist das Potenzial natürlich groß. Als Anekdote stößt man häufiger auf die Geschichte, wie einer der ersten Käufe mit Bitcoins die Bestellung zweier Pizzen in 2010 für 10.000 Bitcoins war. Hätte derjenige, der die Pizzen bestellt hat, die Bitcoins behalten, so wären diese im August 2017 etwa 38 Millionen Euro wert gewesen.

Ein anderer Punkt ist die Sicherheit des Systems. Wenn man seinen privaten Sicherheitsschlüssel verliert, dann sind die damit verbundenen Bitcoins für immer verloren. Es gibt einige Geschichten von Bitcoin-Besitzern, die aus Unachtsamkeit zum Beispiel ihre Wallets aus Papier verlegt haben. Und diese wären heute ein Vermögen wert. Wenn dir trotz dieser Risiken das große Potenzial der Bitcoins zusagt, so sei wenigstens geraten nur so viel Geld in Bitcoins anzulegen, wie du auch bereit wärst zu verlieren.

Weitere Verwendungszwecke

Außer der Abwicklung von Bezahlungen und als Investition, gibt es noch ein paar weitere Verwendungszwecke für Bitcoin. Instanzen wie Wikipedia oder Greenpeace bieten zum Beispiel die Möglichkeit an, Spenden in Form von Bitcoins anzunehmen. Auch für private internationale Überweisungen können sich Bitcoins wegen der vergleichsweise geringen Überweisungsgebühren sehr lohnen. Vielleicht hast du Freunde oder Verwandte im Ausland oder auf Reisen, mit denen du auch über diese Distanz Überweisungen durchführen möchtest. Im Vergleich zu anderen Bezahlsystemen kann sich das auch durchaus vom Zeitaufwand her lohnen, da die Überweisungen vergleichsweise schnell durchgeführt werden. Natürlich hängt dies sehr davon ab, ob die anderen Personen überhaupt Bitcoins benutzen. Aber wenn du dich für Bitcoins begeistern kannst, kannst du auch einfach versuchen Bekannte davon zu überzeugen.

Als letzter Verwendungszweck können Bitcoins eine Wertanlage und Umgehung der staatlichen Kontrolle in unsicheren Zeiten darstellen, obwohl davon wegen schwankender Kurse eher abgeraten wird. In 2015 und 2016 stieg zum Beispiel die Popularität von Bitcoins in Griechenland und Zypern aufgrund der Finanzkrise stark an. Wenn die Zukunft der eigenen Währung unsicher ist oder der Staat zum Beispiel tägliche Limitierungen auf Überweisungen festsetzt, so können Bitcoins wiederum eine Möglichkeit darstellen Kontrolle über das eigene Vermögen zu behalten und den Wert einigermaßen stabil zu halten.

Schlusswort

Ob du nun mit Bitcoins handeln oder in diese investieren möchtest, sollte dir nun der praktische Einstieg in diese offen stehen. Dabei wurden dir die einfachen Grundlagen beigebracht und die Basis geschaffen, um weitergehende Fragen zu beantworten und das Erlernte zu vertiefen. Was Bitcoins gegenüber gängigen Währungen so einzigartig macht, resultiert natürlich in Vorteilen wie Nachteilen. Wenn man mit Bitcoins anfängt, wird man anfänglich eher unvertraut und vorsichtig mit diesen umgehen. Aber mit steigender Erfahrung kann der Umgang mit Bitcoins irgendwann so einfach und vertraut werden, wie Online Banking auf seinem eigenen Computer oder Smartphone durchzuführen.

Dabei die Entwicklung des Bitcoin zu beobachten ist äußerst interessant und das Potenzial dessen enorm. Mit steigendem Interesse an Bitcoins werden auch mehr und mehr Möglichkeiten geschaffen, diese zu verwenden. Wenn die Anzahl der Nutzer wächst, werden mehr Händler die Möglichkeit anbieten, mit Bitcoins zu zahlen. Grade auch für Händler liegen die Gebühren für Überweisungen deutlich unter denen gängigerer Währungen oder Bezahlsystemen. Es bleibt natürlich abzuwarten, wie sich der Wert des Bitcoins in der Zukunft entwickeln wird. Kritiker wenden häufig an, dass das derzeitige Interesse am Bitcoin rein am Investitionspotenzial liegt. Dadurch könne der gestiegene Wert jederzeit wieder tief fallen. Er kann sich aber auch ebenso gut stabilisieren oder weiter erhöhen.

Alles in allem ergeben sich hier aber viele Möglichkeiten, die Bitcoins zu einer interessanten Alternative, bzw. Erweiterung, der gängigen Währungen werden lassen kann. Wichtig dabei ist, dass sich diese Entwicklungen rein am Interesse des Marktes, also der Nutzer, richten werden. Es liegt also an jedem Einzelnen, ob die Entwicklung der Bitcoins ihr Potenzial entfalten lassen wird. Wie bei jeder anderen Währung auch wird ihr Wert alleine durch das Vertrauen der Menschen in diese bestimmt. Es kann durchaus sein, dass dir Bitcoins nach dieser Einführung nun gar nicht zusagen. Solltest du aber immer noch Interesse haben damit einzusteigen, so solltest du das definitiv tun. Auch du hast dadurch dann einen gewissen Einfluss auf die Entwicklung des Bitcoins.

Quellen

https://bitcoin.org/de/

Dies ist die erste Adresse, um sich generell über Bitcoins zu informieren.

https://www.bitcoin.de/de/chart

Hier findest du einen schnellen Überblick über die Kursentwicklung des Bitcoin.

https://bitcoinaverage.com/

Hier findest du detaillierte Informationen zur Kursentwicklung. Diese Seite eignet sich sehr gut, um die Preise von Anbietern zu überprüfen (Seite auf Englisch).

https://top10onlinebroker.de/top10/top-10-online-brokers-fuer-bitcoin-trading-bitcoins-kaufen/

Hier findest du einen Vergleichsservice, der Online Bitcoin-Broker bewertet.

https://bitcoin.org/en/exchanges

Hier findest du weitere Möglichkeiten Bitcoin in andere Währungen zu tauschen (Seite auf Englisch).

https://bitcoin.org/de/waehlen-sie-ihre-wallet

https://www.weusecoins.com/en/find-the-best-bitcoin-wallet/

https://99bitcoins.com/best-bitcoin-wallet-comparison-review

Hier findest du konkrete Anbieter und Vergleiche von verschiedenen Wallets.

https://99bitcoins.com/who-accepts-bitcoins-payment-companies-stores-take-bitcoins/

Hier findest du eine Liste aktueller Händler, die Bezahlungen mit Bitcoin annehmen (Seite auf Englisch).

https://bitcoinfees.21.co/

Hier findest du aktuelle Überweisungsgebühren von Bitcoin (Seite auf Englisch).

Impressum

Text: Copyright © 2018 by Libros Trading Ltd

Business Center

Dubai World Center

P.O. Box 390667

Alle Rechte vorbehalten.

Nachdruck oder Kopieren, auch auszugsweise, ist ohne Erlaubnis des Autors nicht gestattet.

Cover-Foto: © ImaginePixels/ www.shutterstock.com

Wichtiger Hinweis:

Die in diesem Buch enthaltenen Informationen dienen ausschließlich informativen Zwecken und dürfen unter keinen Umständen als Ersatz für eine professionelle Beratung oder Behandlung durch ausgebildete und anerkannte Ärzte angesehen werden. Diese beinhalten keinerlei Empfehlungen bezüglich bestimmter Diagnose- oder Therapieverfahren. Die Inhalte dürfen niemals als eine Aufforderung zur Selbstbehandlung oder als Grundlage für Selbstdiagnosen und -medikation verstanden werden. Die Informationen spiegeln lediglich die Meinung des Autors wieder. Der Autor übernimmt für die Art oder Richtigkeit der Inhalte keine Garantie, weder ausdrücklich noch impliziert.

Sollten Inhalte des Buches gegen geltendes Recht verstoßen, dann bittet der Autor um umgehende Benachrichtigung. Die betreffenden Inhalte werden dann umgehend entfernt oder geändert.

Haftung für Links

Das Buch enthält Links zu externen Webseiten Dritter, auf deren Inhalte wir keinen Einfluss haben. Deshalb können wir für diese fremden Inhalte keine Gewähr übernehmen. Für die Inhalte der verlinkten Seiten ist stets der jeweilige Anbieter oder Betreiber der Seiten verantwortlich. Die verlinkten Seiten wurden zum Zeitpunkt der Verlinkung auf mögliche Rechtsverstöße überprüft. Rechtswidrige Inhalte waren zum Zeitpunkt der Verlinkung nicht erkennbar. Eine permanente inhaltliche Kontrolle der verlinkten Seiten ist jedoch ohne konkrete Anhaltspunkte einer Rechtsverletzung nicht zumutbar. Bei Bekanntwerden von Rechtsverletzungen werden wir derartige Links umgehend entfernen.

www.ingramcontent.com/pod-product-compliance
Lightning Source LLC
Chambersburg PA
CBHW050029230526
45470CB00003B/1196